AF312351

EXTRAIT DES ANNALES DES SCIENCES NATURELLES

BOTANIQUE, 5ᵉ SÉRIE, TOME XX

ÉTUDES

SUR

LES GRAINES FOSSILES TROUVÉES A L'ÉTAT SILICIFIÉ

DANS LE TERRAIN HOUILLER DE SAINT-ÉTIENNE

Par M. Ad. BRONGNIART.(1)

Les végétaux fossiles des terrains anciens, et particulièrement du terrain houiller, n'ont été connus pendant longtemps que par les empreintes que leurs organes laissaient dans les schistes ou les grès qui accompagnent les couches de houille ; on ne pouvait apprécier que leur forme extérieure.

Plus récemment, on a souvent, il est vrai, étudié des portions de végétaux pétrifiés appartenant à ces terrains, mais ce sont généralement des bois, des portions de tiges, des pétioles, des fructifications de Cryptogames qui ont été l'objet de ces recherches ; les fruits ou graines n'ont donné lieu à aucune observation importante.

Les descriptions d'un grand nombre de fruits du terrain houiller, et surtout de ses couches supérieures, inscrits sous les

(1) Lu à l'Académie des sciences le 10 août 1874 (*Comptes rendus*, t. LXXVIII, p. 343, 427, 497). En réimprimant ce travail dans ces Annales, j'ai cru utile d'y ajouter quelques notes sur des points que les limites des *Comptes rendus* ne m'avaient pas permis de développer suffisamment, et j'ai pensé surtout que quelques figures donneraient une idée plus claire des caractères essentiels des différents genres que j'ai distingués parmi ces fossiles. Ces figures, nécessairement peu grossies, ne peuvent pas donner les détails de structure qui contribuent beaucoup à établir les caractères distinctifs de ces genres. J'espère pouvoir bientôt donner sur ce sujet un travail plus complet, avec des planches plus nombreuses et plus détaillées pour la structure anatomique, dont les dessins s'exécutent en ce moment.

1

noms de *Cardiocarpus*, de *Trigonocarpus* et de *Rhabdocarpus*, se bornent, en général, à faire connaître leurs formes extérieures et quelques indices de leur constitution générale, déduits des accidents de leur cassure ; la plupart, en effet, par suite de leur mode de conservation, ne permettaient pas des études plus précises, aussi les analogies les plus hasardées étaient-elles mises en avant. Presque tous les botanistes paléontologistes, et en particulier MM. Lindley et Gœppert, y voyaient des preuves de l'existence des Palmiers à cette période reculée.

M. Hooker, cependant, signalait l'analogie des *Trigonocarpus* avec les Conifères et autres Gymnospermes, et M. Schimper, de son côté, plaçait ces divers fruits ou graines à la suite des Cycadinées.

Mais la rareté des échantillons propres à ces études délicates, la difficulté des préparations, empêchaient des travaux plus etendus.

Un gisement remarquable de végétaux silicifiés, découvert depuis peu de temps dans le bassin houiller de Saint-Étienne par M. Grand'Eury, dont l'Académie connait les importantes recherches sur la flore fossile de ce bassin, permet maintenant d'aborder ces études avec la certitude d'obtenir des résultats plus complets. M. Grand'Eury a bien voulu me confier tous les matériaux qu'il a recueillis en ce qui concerne les fruits ou graines trouvés dans ce gisement, matériaux qui s'accroissent tous les jours par ses incessantes recherches. Mais, avant d'exposer le résultat des observations que j'ai faites sur ce sujet depuis près d'une année, je crois devoir indiquer dans quelle situation se trouvent les roches qui renferment ces fossiles. Voici les renseignements que M. Grand'Eury m'adresse à cet égard :

« Les végétaux silicifiés se trouvent dans des galets appartenant à deux principaux bancs de poudingues, situés l'un à 200 mètres, l'autre à 400 mètres environ au-dessus de la grande couche qui occupe la partie supérieure du terrain houiller de Rive-de-Gier, dans le milieu des conglomérats stériles, de 500 à 600 mètres de puissance, qui sont interposés entre le terrain houiller de Rive-de-Gier et celui de Saint-Étienne. Ces poudingues se montrent dans plusieurs points, sur plus d'un kilomètre d'étendue, à Chavillon, à la Faverge et à la Péronnière, près de Grande-Croix, à Gratieux, aux bois de Corbeyne. »

Les fragments de roches siliceuses brisés et transportés qui composent ces bancs, placés dans les parties les plus inférieures du bassin de Saint-Étienne, au-dessous de toutes les couches de houille de ce bassin, proviennent évidemment de dépôts siliceux encore plus anciens, qui ne se montrent nulle part d'une manière bien claire, et surtout avec les débris si nombreux de végétaux qu'on retrouve dans les conglomérats qui nous occupent.

Ces dépôts siliceux correspondent peut-être à une couche d'origine plutonique, que M. Grand'Eury indique à environ 100 mètres au-dessus de la grande couche de Rive-de-Gier.

Les restes de plantes que ces conglomérats renferment doivent donc se rapporter non à la flore houillère de Saint-Étienne, mais à celle qui l'a précédée immédiatement, c'est-à-dire à celle de Rive-de-Gier, qui, du reste, n'en diffère que très-peu.

Si nous cherchons maintenant à nous rendre compte du milieu dans lequel ces graines ont été déposées et des circonstances qui ont dû accompagner ce dépôt, nous verrons que la roche siliceuse qui les renferme est remplie de débris végétaux de toutes sortes : les uns très-volumineux, comme de gros morceaux de bois ; d'autres assez complets, comme des graines, des feuilles de Fougères avec leurs fructifications, de petites branches ; d'autres en fragments brisés, très-ténus, mais dont les tissus sont parfaitement conservés, mêlés à des détritus altérés, formant une sorte de terreau sans organisation appréciable.

Quand on a examiné de nombreuses lames minces de ces roches siliceuses pour l'étude de quelques-uns des fossiles qu'elles renferment, il est impossible de ne pas se figurer qu'on a sous les yeux le terreau et les débris de végétaux qui couvrent le sol d'une forêt, ou qui se seraient déposés dans le fond des mares ou des étangs que ces arbres entouraient.

Ce terreau lui-même paraît souvent avoir été pénétré par les racines capillaires de petits végétaux croissant à sa surface, tels que de jeunes plantes de Fougères ou d'autres Cryptogames.

Ces racines délicates, quelquefois très-altérées, d'autres fois très-bien conservées, entourent et pénètrent même dans les tissus spongieux de certaines graines, et peuvent, lorsqu'on ne connaît pas leur origine, donner naissance à des erreurs.

Ces faits prouvent, en outre, que ces graines ont séjourné longtemps dans ce terreau humide, et ont pu y subir des altérations notables avant d'être silicifiées.

On ne sera donc pas étonné de voir qu'à côté de tissus remarquablement bien conservés, il s'en trouve de détruits ou de profondément altérés ; souvent aussi les cavités résultant de la destruction de certains tissus sont occupées par du quartz cristallisé qui en tapisse les parois. Malgré ces altérations, on verra qu'on peut souvent obtenir sur la structure de ces graines des données précises qui jettent beaucoup de jour sur leur nature.

On sait que c'est au moyen de lames détachées dans une direction déterminée et réduites à une très-faible épaisseur, qu'on parvient à étudier au microscope la structure des diverses parties des végétaux pétrifiés. Ce mode de préparation, toujours très-délicat, devient très-difficile lorsqu'il faut, comme pour les graines, et surtout pour les petites graines, mettre à découvert et préparer dans une direction déterminée des parties, qu'une différence d'un dixième de millimètre ne permettrait plus d'observer. C'est grâce aux connaissances scientifiques et à l'habileté de M. B. Renault, dont l'Académie a déjà pu apprécier les importants travaux personnels sur des fossiles recueillis par lui aux environs d'Autun, que j'ai pu obtenir les nombreuses préparations nécessaires pour étudier, autant que l'état des échantillons le permettait, les caractères de ces graines.

Dans les descriptions qui vont suivre, j'emploie toujours le mot de graines et non celui de fruits, celui de testa et non de péricarpe, parce que ces graines, comme on le verra, ont la plus grande analogie avec celles des Conifères et des Cycadées, et que, sans vouloir entrer ici dans la discussion de la nature de ces organes, je suis plus convaincu que jamais qu'ils représentent des graines nues, ainsi que R. Brown l'a établi le premier, et que l'admettent maintenant les botanistes les plus éminents.

Toutes les graines trouvées dans le terrain houiller, et particulièrement celles recueillies à Saint-Étienne et qui font l'objet spécial de ce mémoire, sont des graines orthotropes, dont le testa présente un hile et une chalaze à sa base et un micropyle à l'extrémité opposée, et renferme un nucelle dressé dont le sommet correspond au micropyle. C'est l'organisation des graines des Cycadées et des Conifères; mais, à côté de cette uniformité dans les caractères fondamentaux, nous trouvons une extrême variété dans les caractères d'une moindre importance : c'est ce qu'on observe aussi, quoique à un moindre degré, dans les Gymnospermes actuelles. Ainsi le testa est tantôt formé entièrement par un tissu dense et évidemment très-dur, comme celui du Pin pignon et de l'If; tantôt il présente plusieurs couches de structure et sans doute de consistance très-diverses, formant un *endotesta* et un *sarcotesta*, comme on l'observe actuellement dans les *Cycas*, le *Gingko*, les *Cephalotaxus* et les *Torreya*. De sorte que certains genres de ces graines fossiles présentent une succession de modifications semblables à celles qu'on observe dans une série de genres vivants analogues. Les formes du testa sont en outre très-variées ; il offre souvent des crêtes ou ailes nombreuses et des prolongements remarquables vers la base ou le sommet, qui fournissent des caractères distinctifs faciles à saisir ; sous ce rapport, le testa présente des modifications bien plus nombreuses et bien plus prononcées qu'on ne les observe dans les Gymnospermes actuelles, et concorde ainsi avec les formes si singulières que nous montrent dans leurs organes de la végétation les Gymnospermes de l'époque houillère (1).

(1) Je dois rappeler ici que j'ai toujours considéré, d'après la structure de leurs tiges, les *Sigillaria* et les *Calamodendron* comme se rapportant à des types détruits de végétaux arborescents de la grande division des Dicotylédones gymnospermes, contrairement à l'opinion de plusieurs paléontologistes qui les rangent parmi les Cryptogames, près des Lycopodiacées et des Equisétacées.

Le nombre et la variété des graines de Gymnospermes que je signale dans ce mémoire confirment cette opinion, que je vois avec satisfaction adoptée par M. Newberry dans son mémoire récent sur diverses graines des terrains houillers de l'État de l'Ohio *Report of the Geological Survey of Ohio*, vol. I. part. II, *Paleontology ; — Descriptions of fossil Plants*, by J. S. Newberry, p. 359).

Toutes ces graines, lorsqu'on peut les étudier à l'état complet, nous montrent, comme je l'ai déjà dit, une base qui correspond à la chalaze, et un sommet opposé où se trouve le micropyle. Par des coupes bien dirigées dans l'axe de la graine, on voit souvent très-distinctement le faisceau vasculaire, formé de petites trachées ou vaisseaux rayés, qui traverse le testa, et va s'épanouir dans le disque de la chalaze; ce faisceau donne souvent naissance à des faisceaux vasculaires secondaires qui se portent dans les parties extérieures du testa, et y affectent des dispositions diverses suivant les genres qu'on examine.

À l'autre extrémité, le micropyle se présente tantôt comme un canal oblitéré entouré d'un tissu un peu différent de celui du reste du testa, mais ne faisant pas saillie au dehors; tantôt, dans d'autres genres, le micropyle se prolonge à l'extérieur en une sorte de bec ou de colonne traversé par un canal encore ouvert dans la graine adulte, et dans lequel j'ai aperçu, dans un ou deux cas, des grains de pollen qui s'y étaient engagés.

Celles de ces graines dont je n'ai pas vu les extrémités ressemblent tellement, dans ce qu'on peut en étudier, à d'autres graines plus complètes, qu'on ne peut pas douter que toutes n'appartiennent au même type, et ne se rattachent ainsi aux Cycadées et aux Conifères, tout en présentant des formes absolument étrangères aux genres actuellement existants.

La structure intérieure de ces graines ne peut malheureusement pas être tracée d'une manière aussi complète qu'on pourrait le désirer, la plus grande partie des tissus qui occupaient l'intérieur de la cavité du testa ayant été détruite, soit par une longue macération dans l'eau ou dans un sol humide, soit par l'action du liquide qui a déterminé la silicification de ces organes.

Toutes les parties de la graine qui sont constituées par un tissu cellulaire délicat et peu résistant, rempli de matières amylacées, albumineuses ou oléagineuses, comme l'embryon et le périsperme, ont été détruites : il n'en reste plus que les membranes plus résistantes qui les limitaient : la place occupée par le reste du tissu est remplie de silice amorphe, ou bien présente des cavités tapissées de cristaux de quartz, comme de vraies géodes. L'espace que devait occuper le périsperme laisse cependant assez souvent voir des traces d'une matière brunâtre formant des sortes de nuages informes, ou plus rarement de petits amas assez réguliers qui semblent avoir rempli des cellules.

Malgré l'altération de ces parties intérieures, on peut y reconnaître presque toujours deux enveloppes membraneuses : l'une, plus externe, naît au pourtour de la chalaze ou sur sa surface supérieure, et se termine supérieurement par une extrémité conique qui correspond à l'orifice du micropyle du testa, mais qui en est souvent assez éloignée : c'est la surface du nucelle ; l'autre, beaucoup plus altérée, libre et flottante au-dessus de la chalaze, et se terminant à quelque distance au-dessous de l'extrémité conique de la précédente, correspond à l'enveloppe du périsperme.

La membrane externe ou nucellaire paraît quelquefois composée de plusieurs couches superposées. Y aurait-il dans quelques-unes de ces graines une membrane interne provenant de la secondine de l'ovule, dont on n'a pas observé la présence dans les Cycadées et les Conifères, mais qui entre probablement dans la constitution des graines des Gnétacées ? C'est un point que de meilleurs échantillons permettront seuls de fixer (1). Sur la surface externe de cette membrane nucellaire, on peut quelquefois distinguer de petits vaisseaux striés qui semblent former plusieurs faisceaux ramifiés faisant suite aux vaisseaux de la chalaze, et

(1) L'existence de cette membrane formant une enveloppe distincte interposée entre le testa provenant de la primine et le nucelle paraît surtout très-probable dans le genre *Pachytesta*. De nouveaux échantillons montrent en effet d'une manière plus distincte que ceux étudiés précédemment une enveloppe membraneuse se prolongeant en un tube grêle, endostome, qui dépasse le sommet du nucelle et s'engage quelquefois dans l'exostome ou micropyle du testa. La secondine, ou membrane interne, qui paraît manquer dans la plupart des Conifères actuelles, a été signalée à plusieurs reprises par R. Brown comme existant dans les *Podocarpus*, et formant à cet égard une exception remarquable à ce qu'on observe généralement dans les Conifères. M. Ern. Favre, dans une notice intéressante (*Ann. sc. nat.*, 1865, t. III, p. 379), a répété ces observations et a montré en outre dans le *Podocarpus sinensis*, le développement remarquable des vaisseaux de la chalaze, auxquels les vaisseaux de la surface du nucelle dans ces graines fossiles sont peut-être analogues ; l'existence d'une membrane interne et l'extension des vaisseaux de la chalaze autour du nucelle ne seraient donc pas des faits sans analogues parmi les Gymnospermes actuelles.

qui s'élèvent assez haut sur cette membrane : c'est un fait remarquable, mais qui ne paraît pas entièrement étranger à l'organisation de certaines Conifères. La membrane propre du nucelle est formée d'une couche de cellules bien distinctes, assez grandes, et qui, dans quelques cas rares, paraît se continuer avec le tissu même du nucelle moins complétement détruit. Il paraît aussi que, dans quelques cas, le nucelle, au moins dans sa partie inférieure, était uni à la face interne du testa par une couche de tissu cellulaire interposé.

Mais il nous reste à étudier la partie la plus intéressante du nucelle, son extrémité supérieure par laquelle s'opère la fécondation.

Dans plusieurs de ces graines, cette extrémité du nucelle, que j'ai désignée dans d'anciens travaux sous le nom de *mamelon d'imprégnation*, a la forme d'un cône terminé par une sorte de bouton papilleux, et se montre ainsi avec l'aspect qu'il a dans beaucoup de graines lorsqu'on cherche le tissu mort et sphacélé de ce mamelon dans la graine mûre ; mais, dans plusieurs de ces graines, on peut même dire dans la majorité d'entre elles, et particuliérement chez celles qui s'éloignent le plus par leurs formes extérieures des graines des Conifères et des Cycadées, ce mamelon du nucelle présente une structure toute particulière, dont on n'a pas signalé d'exemple parmi les végétaux vivants.

Le sommet du nucelle offre une cavité qui paraît circonscrite par un tissu cellulaire lâche et très-délicat, dont la disposition et la structure ne pourraient être bien comprises que par des figures exactes. Cet espace vide paraît s'ouvrir supérieurement au-dessous du micropyle du testa. Cette communication est quelquefois bien distincte, mais souvent elle est masquée par le rapprochement des bords supérieurs de cette cavité, qui, au contraire, est largement ouverte du côté qui correspond à la partie supérieure du sac périspermique, dans laquelle devrait se trouver l'embryon. Dans un assez grand nombre de cas, on voit dans cet espace vide des grains elliptiques entourés d'une membrane bien définie, ordinairement assez colorée, quelquefois marquée d'un réseau régulier, qu'il est bien difficile de ne pas considérer comme des grains de pollen ayant pénétré par le micropyle jusque dans cette excavation du nucelle au moment de la fécondation.

Je suis, en effet, porté à penser que, dans la jeunesse de la graine, lorsqu'elle était encore à l'état d'ovule, cette cavité du nucelle ne formait qu'une dépression, une sorte de cupule, dont les bords se sont ensuite rapprochés, comme cela a lieu pour le testa lui-même, dont la large ouverture de la primine forme plus tard le micropyle. Ce rapprochement des bords de la cupule nucellaire formerait ainsi une sorte d'endostome qui différerait seulement de l'endostome ordinaire, résultant du rapprochement des bords de la secondine, en ce qu'il serait formé par les bords du sommet du nucelle lui-même.

Des études spéciales sur ce qui se passe dans cette partie du nucelle de nos Gymnospermes actuelles après la fécondation seraient nécessaires pour savoir s'il n'existe pas dans quelques-unes d'entre elles des phénomènes de cette nature. J'ai regretté de ne pouvoir me livrer à ces recherches cette année.

La membrane intérieure ou périspermique est très-différente de celle qui limite le nucelle ; elle est extrêmement mince, et ne parait pas cellulaire, mais marquée d'aréoles dues à l'application des cellules qu'elle enveloppait, et dont il ne reste généralement plus de trace.

Les positions relatives de ces membranes intérieures entre elles et avec le testa ne sont pas exactement celles de ces parties dans les végétaux vivants, et méritent de fixer notre attention. Dans une graine mûre et parfaite de Conifère, le nucelle constituant l'amande occupe toute la cavité du testa, et est appliqué contre sa surface interne ; son tissu est atrophié, et réduit à une membrane contre laquelle se trouve immédiatement le périsperme. Dans nos graines fossiles, le nucelle et sa membrane ne remplissent presque jamais la cavité du testa ; il est comme rétracté, et dans quelques cas d'une manière évidente, de façon à s'écarter des parois du testa et de l'ouverture du micropyle ; il en est de même pour la membrane périspermique, qui devrait être contiguë à celle du nucelle.

Est-ce le résultat d'un développement imparfait de ces parties dans des graines stériles ou non arrivées à leur maturité? Le développement complet du testa rend cette hypothèse peu probable.

Est-ce plutôt l'effet de la macération et d'un dégagement de gaz qui a disjoint ces tissus délicats, comme elle sépare l'épiderme du parenchyme d'une feuille? Cette explication me paraît plus probable.

Telle est la structure générale de ces graines, toutes recueillies dans un même gisement du terrain houiller de Saint-Étienne; toutes se rattachent à un même type par leurs caractères les plus essentiels, à celui des Gymnospermes, Cycadées et Conifères, mais beaucoup d'entre elles s'éloignent par des caractères très-importants des genres actuellement existants : plusieurs même devraient probablement se rapporter à des familles de ce groupe actuellement détruites. Les modifications profondes que présente leur organisation m'ont obligé à y distinguer dix-sept genres, comprenant jusqu'à ce jour vingt-quatre espèces provenant de ce gisement spécial.

Deux principes peuvent diriger dans leur classification : les caractères les plus importants seraient ceux tirés de l'organisation intérieure, c'est-à-dire de la structure du nucelle, et particulièrement de celle de son sommet ; mais dans plusieurs espèces ces caractères n'ont pu être observés, ou ne se sont pas montrés, avec assez de netteté, pour pouvoir être bien étudiés. A défaut de ces caractères intérieurs, le testa, dans sa structure et surtout dans la symétrie générale des parties qui le constituent, peut être employé avec un grand avantage : les caractères qu'il fournit peuvent toujours être constatés ; leur importance ne saurait être niée, d'autant plus que dans beaucoup de cas ils s'accordent avec ceux tirés de l'organisation du nucelle (1).

(1) L'importance de la symétrie générale de ces graines est cependant sujette à quelques restrictions, si nous en jugeons par ce qui s'observe dans quelques végétaux gymnospermes vivants, exceptions que j'ai surtout pu constater récemment. Ainsi le *Gingko biloba*, dont on recueille maintenant des graines en abondance dans le jardin botanique de Montpellier, présente généralement son endotesta dur formant un noyau lenticulaire avec deux carènes opposées ; mais cependant un assez grand nombre de

Nous divisons ainsi l'ensemble des genres de graines fossiles que nous avons étudiés en deux groupes principaux.

A. Graines à symétrie binaire, plus ou moins aplaties et bicarénées.

Ce groupe, très-naturel, comprend les anciens genres *Cardiocarpus* et *Rhabdocarpus*, et quatre genres nouveaux que j'ai distingués sous les noms de *Diplotesta, Sarcotaxus, Taxospermum* et *Leptocaryon*. Toutes ces plantes paraissent se rapprocher des Taxinées, et l'on pourrait établir une corrélation entre elles et les genres des Taxinées actuelles, des modifications analogues dans les caractères se montrant dans les unes et dans les autres (1). Ainsi :

Les *Cardiocarpus* répondraient au *Gingko*.

Les *Rhabdocarpus* aux *Torreya*.

Les *Diplotesta* et *Sarcotaxus* aux *Cephalotaxus*.

Les *Taxospermum* et *Leptocaryon* aux *Taxus*.

B. Graines à symétrie rayonnante autour de l'axe à trois, six, huit divisions ou à section circulaire.

Ces graines paraissent s'éloigner davantage des formes actuellement existantes ; la plupart présentent la structure du sommet du nucelle que nous avons signalée comme si particulière. Il me paraît probable que ces genres représentent la fructification de ces arbres d'une forme également très-anormale, que la structure de leurs tiges et de leurs autres organes de végétation m'avait cependant fait ranger parmi les Gymnospermes, tandis

ces graines ont un noyau trigone à trois carènes très-régulières et ressemblant d'une manière frappante à un *Trigonocarpus*. On observe le même fait sur les *Taxus*. Dans l'If commun, la graine est habituellement légèrement aplatie avec deux carènes obtuses, mais on en trouve quelques-unes à trois angles. Au contraire, sur un pied de *Taxus tardiva* Laws., Parlat., *Prodr.*, XVI, p. 502 (*Taxus baccata* var. *adpressa* Hort.), la plupart des graines étaient trigones, et quelques-unes seulement présentaient une forme analogue à celles du *Taxus baccata*. Le caractère seul tiré de la symétrie du testa de la graine ne suffirait pas pour éloigner des espèces qui n'offriraient que cette différence, mais, comme je l'ai dit, ce caractère est le plus facile à employer dans l'état actuel de nos connaissances.

(1) Toutes ces graines paraissent provenir d'arbres du groupe des *Cordaites*, dans lequel les formes diverses des organes de la végétation indiquent l'existence de plusieurs types génériques.

que plusieurs des savants qui se sont occupés de ces questions persistent à les classer parmi les Cryptogames. Telles sont les Sigillariées et les Calamodendrées, auxquelles il faut joindre quelques genres admis à la suite des Cycadées et des Conifères.

Les graines fossiles réunies dans cette série ne sont jamais comprimées comme les précédentes ; elles ont une section polygonale ou circulaire, et souvent une forme générale allongée et prismatique.

On peut les classer ainsi, d'après le nombre de leurs parties constituantes et la forme de leur section transversale :

1° **A trois parties** : *Pachytesta.* — *Trigonocarpus.* — *Tripterospermum.*

2° **A six parties** : *Ptychotesta.* — *Hexapterospermum.* — *Polypterospermum.* — *Polylophospermum.*

3° **A huit parties** : *Eriotesta.* - *Codonospermum.*

4° **A section circulaire** : *Stephanospermum.* — *Ætheotesta.*

A. — Graines comprimées à symétrie binaire.

1. *Cardiocarpus.* — Ce genre, établi dans mon *Prodrome de l'histoire des végétaux fossiles*, n'était caractérisé que par sa forme extérieure lenticulaire et cordiforme, qui laissait des doutes sur sa structure intérieure, et faisait hésiter à le considérer comme une capsule, un fruit ou une graine.

Sa structure montre une graine orthotrope, la chalaze correspondant à l'échancrure basilaire, et le micropyle à la pointe opposée ; le nucelle a un sommet conique sans apparence de cavité pollinique (1).

Mais ces graines présentent, dans leur testa, deux structures très-différentes, et qui pourraient engager à y distinguer deux genres :

Le *C. Sclerotesta* offre un testa entièrement dur et nettement limité à l'extérieur.

Le *C. drupaceus* présente, au contraire, un tissu très-dense

1. J'emploie, pour abréger, cette expression pour indiquer l'espace vide au sommet du nucelle, qui paraît destiné à recevoir le pollen.

près de sa surface interne, qui passe insensiblement à un tissu à grandes cellules plus transparentes, formant une zone probablement charnue comme celle des graines de Gingko, et présentant même des espaces plus transparents, assez régulièrement disposés, correspondant sans doute à des cavités gommeuses ou oléagineuses.

Ce qui m'engage à ne pas séparer ces plantes génériquement, c'est l'existence d'une forme dans laquelle le testa compacte, assez épais et homogène, est recouvert cependant par une couche peu épaisse d'un tissu cellulaire plus transparent (1).

2. *Rhabdocarpus*. — Le genre *Rhabdocarpus* est un de ceux qui avaient déjà été établis d'après des empreintes seules par M. Göppert, et caractérisés par la présence à leur surface extérieure de stries ou sillons longitudinaux ; mais ce caractère, souvent très-incertain, a fait donner ce nom à un grand nombre de fruits mal définis du terrain houiller, et leur a fait attribuer les rapports les plus singuliers avec les végétaux vivants. Ce genre peut être très-bien caractérisé par la structure très-remarquable de son testa, dont la couche interne (endotesta) est nettement limitée, et formée d'un tissu cellulaire dense et compacte ; la couche externe (sarcotesta) est remarquable par la présence dans le tissu cellulaire qui la constitue de faisceaux nombreux de fibres solides, s'étendant souvent obliquement de la base au sommet, constituant une enveloppe charnue et fibreuse qui se prolonge au delà du noyau de l'endotesta, tant vers le sommet que vers la base. A l'intérieur, on reconnaît sur l'*endotesta* la chalaze et le micropyle opposés, et le nucelle dressé terminé par un sommet conique sans apparence de cavité pollinique : le nucelle paraît uni au testa dans sa partie inférieure, comme on l'observe dans quelques Conifères ; la chalaze reçoit un faisceau vasculaire central, d'où naissent deux faisceaux vasculaires récurrents qui se

(1) Dans ces deux types principaux il y a des formes diverses, probablement spécifiques, qui se distinguent par leur grandeur absolue et surtout par les rapports de leur longueur à leur largeur : dans l'une, en effet, ces deux dimensions sont égales ; dans une autre, *Cardiocarpus expansus*, le diamètre transversal est au diamètre longitudinal passant par la chalaze et le micropyle comme 3 est à 2.

continuent en dehors de la carène dans toute son étendue. Il existe deux ou trois espèces de *Rhabdocarpus* dans le dépôt siliceux de Saint-Étienne ; mais il est assez difficile de les définir, et d'apprécier leurs rapports avec les espèces déjà signalées dans d'autres localités (1).

3. *Diplotesta*. — Ce genre avait été très-bien distingué par M. Grand'Eury par l'inspection même des graines, telles qu'elles se montrent dans les cassures de la roche qui les renferme, et j'ai été heureux de conserver le nom qu'il leur avait donné.

Ces graines se distinguent, en effet, par les deux zones très-nettement limitées qui constituent leur testa : l'une interne, d'un tissu généralement plus coloré, très-dense, et formé de petites cellules uniformes ; l'autre externe, à peu près de même épaisseur, et formée de cellules plus grandes qui varient de la partie interne à la partie externe de cette zone, et sont souvent très-altérées, mais limitées par un épiderme très-distinct.

Ces graines sont elliptiques, peu comprimées, mais cependant marquées de deux carènes opposées peu saillantes. A l'intérieur, la chalaze forme une saillie qui donne à la cavité une apparence cordiforme qui ne se manifeste pas au dehors. Le nucelle est presque cylindrique, terminé par un mamelon qui surmonte une partie conique. Je n'en connais qu'une seule espèce à laquelle j'ai donné le nom de M. Grand'Eury, qui l'a signalée le premier. Il est possible que quelques-unes des graines désignées sous le nom de *Cyclocarpus* appartiennent à ce genre (2).

4. *Sarcotaxus*. — Ce genre est fondé sur le grand développe-

---

(1) Une de ces espèces, dont la forme extérieure est allongée et presque conique, l'enveloppe charnue se prolongeant beaucoup au delà du noyau formé par l'endotesta, a été désignée par M. Grand'Eury sous le nom de *Rh. conicus*; l'autre, d'une forme générale ellipsoïde, a été nommée par lui *Rh. subtunicatus*, à cause de son analogie avec le *Rh. tunicatus* de Goppert.

(2) Le nom de *Cyclocarpus* a été donné à des graines du terrain houiller dont les empreintes ressemblent à celles des *Cardiocarpus*, sauf l'échancrure en forme de cœur de la base qui caractérise ces derniers. Mais la forme des *Cyclocarpus* se retrouve dans les noyaux isolés des *Rhabdocarpus* et des *Diplotesta*, et ne suffit pas pour les distinguer.

ment du *sarcotesta*, ou zone externe du testa, qui formait évidemment une pulpe épaisse, molle, dont le tissu est souvent détruit, mais qui était limité par un épiderme bien conservé, formé d'une seule couche de cellules, indiquant la surface très-irrégulière ou très-déformée d'une masse molle ou charnue.

L'endotesta dur et compacte ressemble à celui du *Diplotesta*; mais il offre dans la structure de ses tissus et dans l'organisation de la chalaze des différences qui obligeront peut-être plus tard à diviser ce genre ou à rattacher une de ses espèces, le *Sarcotaxus avellanus*, au genre *Diplotesta*.

Dans l'état actuel de nos connaissances, on peut distinguer trois espèces parmi nos échantillons de Saint-Étienne :

Sarcotaxus angulosus. — *Sarcotaxus olivæformis*. — *Sarcotaxus avellanus*.

La structure de ces graines permet de les comparer à plusieurs égards à celles des *Cephalotaxus* vivants.

5. *Leptocaryon*. — M. Grand'Eury avait désigné dans ses envois, sous le nom de *Carpolithes Avellana*, diverses graines ovoïdes, légèrement comprimées, qui ont dû former plusieurs genres distincts, *Sarcotaxus*, *Taxospermum*, et enfin celui qui me paraît leur type principal, et auquel je donne le nom de *Leptocaryon*. Je n'en connais qu'une espèce, le *L. Avellana* : ce sont des graines de grosseur moyenne, elliptiques, peu allongées (12 millimètres sur 10), légèrement aplaties et bicarénées, dont le testa, presque homogène, est formé de petites cellules elliptiques ou globuleuses, à parois très-épaisses, se désagrégeant facilement, sans épiderme, ni couche externe différente, mais tapissé à l'intérieur par quelques rangées de fibres grêles longitudinales. Ce testa est traversé par un canal micropylaire étroit, et présente à sa base une chalaze discoïde, sur laquelle repose la base du nucelle ; celui-ci paraît souvent uni à la face interne du testa jusqu'à moitié de la hauteur par un tissu cellulaire interposé, mais souvent détruit ; il est libre plus haut, et se termine par un sommet conique dont l'extrémité forme une papille celluleuse saillante sous le micropyle.

Ce genre, quoique ressemblant extérieurement au *Taxospermum*, en diffère beaucoup par la constitution de son testa et de
son nucelle.

6. *Taxospermum.* — Les graines que je désigne sous ce nom
ressemblent, plus que toute autre, par leur forme extérieure, à
celles de notre If ou *Taxus*. Elles ont un testa mince, d'apparence
dure et solide, mais d'une organisation plus compliquée que celle
du testa des *Taxus* actuels; il présente un épiderme interne
très-distinct, formé d'une seule couche de grandes cellules car-
rées, une couche composée de fibres dirigées parallèlement à
l'axe, une couche de tissu dense à cellules oblongues, et une zone
externe mince, formée de cellules plus transparentes, sans épiderme distinct. Cette couche externe s'épaissit vers le haut, et
forme une sorte de caroncule papilleuse autour du micropyle.

La chalaze paraît constituée par un disque peu épais, dont on
n'a pas pu observer le faisceau vasculaire.

Le nucelle est terminé par un sommet conique qui paraît
creusé d'une cavité pollinique entourée d'un tissu cellulaire spécial, et renfermant quelques grains de pollen.

Je ne connais qu'une espèce de ce genre déjà observée très-
anciennement à Saint-Étienne. Je suis heureux de lui donner le
nom de M. Gruner, dont les travaux ont tant contribué à faire
connaître la constitution géologique du bassin houiller de Saint-
Étienne.

Le *Taxospermum Gruneri* est une graine elliptique légèrement aplatie, à deux carènes obtuses, de 15 millimètres de long
sur 9 millimètres de large, beaucoup plus grosse par conséquent
que les graines de l'If, auxquelles ces graines ressemblent par
leur forme extérieure, mais dont elles diffèrent évidemment
beaucoup par la structure de leurs diverses parties.

b. — Graines prismatiques ou cylindriques dont le testa est organisé symétriquement
autour de l'axe.

7. *Pachytesta.* — Le genre *Pachytesta* est évidemment le
plus remarquable de tous ceux qui se trouvent dans ces terrains

par l'énorme volume des graines qui le constituent ; elles ont la
forme d'un ellipsoïde allongé, dont la dimension varie probablement suivant les diverses espèces, mais qui peuvent atteindre
11 centimètres de long sur 5 de large.

Ces graines avaient été désignées par M. Grand'Eury dans ses
envois sous le nom de *Rhabdocarpus giganteus* ; mais l'étude de
leur organisation montre qu'elles n'ont rien de commun avec le
genre *Rhabdocarpus*, les stries longitudinales qui se remarquent
à sa surface n'ayant pas la même origine.

Le testa qui forme l'enveloppe externe de ces graines est entièrement compacte et probablement très-dur ; il est souvent
brisé par la pression ; les fragments en sont disjoints, mais sans
être déformés. Dans la zone moyenne, ce testa a environ 6 millimètres d'épaisseur ; dans une variété ou espèce, il présente
près de la chalaze 8 millimètres, dans une autre 12 millimètres
d'épaisseur ; il s'épaissit également au bout micropylaire, au
moins dans certains échantillons, et acquiert aussi jusqu'à
12 millimètres d'épaisseur.

Son tissu est formé de cellules allongées, sinueuses, repliées
de diverses manières, suivant la zone qu'on examine. Ce testa,
formant un cercle très-régulier, est cependant partagé en trois
segments par des sortes de sutures déterminées par une lame
très-mince d'un tissu composé de cellules parallèles ; elles correspondent chacune à l'intérieur à deux petites crêtes qui paraissent avoir uni le testa au tissu extérieur du nucelle, mais dont
les liens sont détruits. Le caractère important qu'on y observe
consiste dans la présence, près de la surface externe, de faisceaux vasculaires nombreux qui déterminent les lignes saillantes
longitudinales qu'on remarque sur la surface extérieure. Quelques autres faisceaux moins nombreux sont placés plus loin de
la surface ; ils prennent naissance les uns et les autres, mais à
des hauteurs différentes, du faisceau vasculaire qui traverse la
base du testa pour se rendre à la chalaze.

Cette chalaze forme un des caractères remarquables de ces
graines ; elle est élevée sur un pédicelle épais et assez court,
surmonté d'un disque concave, comme une sorte de coupe dont

les bords se replient et s'enroulent en dessous pour donner naissance à la membrane externe du nucelle. Au-dessus du disque de la chalaze se trouve une autre membrane, probablement celle qui entoure le périsperme. Au delà de cette région, tous les tissus intérieurs de la graine sont détruits ou très-altérés, et la cavité de la graine devient comme une géode tapissée de cristaux de quartz. Nous n'avons jusqu'à présent que des données très-imparfaites sur le reste du nucelle et sur l'organisation de son sommet (1).

8. *Trigonocarpus*. — J'avais, dès 1828, désigné sous le nom de *Trigonocarpus* des fruits trigones du terrain houiller, considérés par Sternberg comme des *Palmacites*, et je les avais laissés parmi les Monocotylédones douteuses. Depuis lors cette désignation a été appliquée à beaucoup de fruits analogues, sans que leur classification ait été fixée d'une manière plus certaine; car Lindley (*Fossil Flora*) et Göppert (*Flor. permiensis*) les considèrent comme un preuve positive de l'existence des Palmiers à l'époque houillère.

M. J. Hooker, dans une Notice sur quelques échantillons à structure conservée (*Trans. Soc. Roy.*, 1855) (2), a émis le pre-

---

(1) De nouveaux échantillons nous ont fourni sur la structure intérieure de cette graine remarquable des données plus précises. Le testa est recouvert à l'intérieur, dans toute son étendue, d'une couche de tissu cellulaire limitée par un épiderme interne qui pourrait être pris, par suite de la destruction fréquente d'une partie du tissu qu'il recouvre, pour une enveloppe distincte; plus à l'intérieur se trouve une enveloppe très-délicate unie dans une grande étendue à celle du nucelle, dont elle se sépare plus haut et qui paraît correspondre à une secondine de l'ovule; elle se termine supérieurement en un tube grêle correspondant au micropyle et formant un endostome. C'est au-dessous de ce prolongement tubuleux que se trouve le sommet du nucelle; plus bas on distingue encore une sorte de cloison membraneuse qui sépare sa partie supérieure de la zone qui devait être occupée par le périsperme. Il y a là une structure très-complexe qu'on reconnaît d'une manière très-évidente dans la cassure d'échantillons que leur nature cristallisée ne permettra peut-être pas de préparer en lames minces.

Je rappellerai que de grosses graines fort semblables à celles-ci ont été considérées il y a déjà longtemps par moi comme se rapportant probablement au genre *Nœggerathia* (*Comptes rendus*, 1845, t. XXI, p. 1392).

(2) *On the Structure of certain limestone Nodules enclosed in seams of bituminous Coal, with a Description of some Trigonocarpon contained in them*, by Joseph Dalton Hooker, M.D., et Edward William Binney, esq., 14 décembre 1854.

Si dans le texte de cette notice je n'ai cité que M. Hooker, c'est parce que j'a attribue

mier l'opinion de leurs rapports avec les Gymnospermes ; mais sa description se rapporte plutôt au genre suivant.

M. Schimper, qui ne paraît pas avoir connu cette opinion de M. Hooker, les place cependant à la suite des Cycadinées, plutôt d'après leurs associations géologiques que d'après leurs caractères. La structure de toutes leurs parties établit d'une manière positive leur place parmi les Gymnospermes.

Ce sont des graines elliptiques trigones, à trois carènes peu saillantes, ne se prolongeant pas en ailes ; celle de Saint-Étienne que j'ai étudiée est plus petite que la plupart de celles déjà décrites, et surtout que le vrai *Trigonocarpus Noeggerathi*, qu'on doit considérer comme le type du genre, et qui diffère peut-être enquelque point de la graine que j'ai examinée.

Ici le testa mince, entièrement formé d'un tissu dense et compacte, offre cependant deux couches superficielles différentes de la zone moyenne formée de cellules rayonnantes. Les trois angles sont marqués surtout vers l'extrémité supérieure, et correspondent dans cette partie à trois sutures qui paraissent pouvoir se disjoindre, probablement à l'époque de la germination. Le testa se prolonge supérieurement en un micropyle tubuleux. La chalaze est formée par un faisceau vasculaire très-marqué qui traverse le testa à sa base. Le nucelle présente un sommet conique, d'une forme très-particulière, et assez variable sur les différents échantillons, mais montrant toujours un espace vide bordé d'un tissu cellulaire spécial, et contenant quelquefois des grains d'apparence pollinique.

Cette espèce, que je ne puis rapporter avec certitude à aucune des espèces déjà décrites, recevra le nom de *Trigonocarpus pusillus*.

9. *Tripterospermum*. — La graine sur laquelle ce genre est fondé présente la forme générale des *Trigonocarpus*, et son

plus spécialement à ce savant botaniste la question des affinités de ces graines avec les végétaux actuels, et plus particulièrement le *Gingko* ou *Salisburia*. Les Trigonocarpes étudiés par ces auteurs proviennent de la partie inférieure des couches de charbon du Lancashire, par conséquent de terrains carbonifères beaucoup plus anciens que ceux de Saint-Étienne.

A. BRONGNIART.

amande, dépouillée du testa, en aurait tous les caractères; mais ce testa, très-épais, se prolonge en trois ailes très-saillantes, et est composé de deux couches très-distinctes : l'interne est formée d'un tissu serré, très-coloré et très-opaque, composé de cellules diversement dirigées; l'extérieure, plus large, est constituée par un tissu plus lâche et plus transparent. Ces deux couches sont séparées d'une manière très-nette, et sont même quelquefois disjointes; elles se continuent dans les ailes et autour du micropyle, qui forme un bec épais et saillant. La chalaze est fournie par un faisceau de vaisseaux striés ou de trachées très-fines, qui, traversant la base du testa, s'épanouissent pour former le disque chalazien, et s'étendent, dans une assez grande étendue, sur la surface externe du nucelle. Le sommet de ce nucelle, détruit par la préparation, ne montre que son extrémité assez éloignée du micropyle par la rétraction de l'ensemble du nucelle, ainsi qu'on l'observe assez fréquemment dans ces graines fossiles.

Je n'ai eu à ma disposition qu'un seul échantillon de cette graine, qui n'a pas permis de multiplier davantage les préparations; elle est assez grosse, chacune de ses faces, de l'extrémité d'une aile à l'autre ou de la base au sommet, ayant environ 3 centimètres.

Il est possible que certains *Trigonocarpus* déjà décrits se rapportent au moule intérieur de cette graine, dépouillé de son testa et de ses ailes (1).

10. *Ptychotesta.* — Ce genre se distingue facilement par la structure toute particulière de son testa. Les six ailes qui prolongent les angles de la graine à section hexagonale sont en effet formées, non pas par une extension du tissu du testa, mais par

---

(1. C'est à ce genre que se rapportent sans doute les Trigonocarpes décrits par MM. Hooker et Binney, et probablement plusieurs des espèces classées dans ce genre et qui paraissent avoir une couche extérieure du testa distincte d'un endotesta plus dur. Quant à la déhiscence de ce testa en trois valves, je crois qu'elle a lieu dans ces trois genres à forme trigone par suite du gonflement des parties intérieures, comme on l'observe dans diverses graines au moment de la germination. — Cette division en trois valves est signalée dans les empreintes de plusieurs Trigonocarpes non silicifiés, et j'en ai observé le commencement sur quelques échantillons des graines qui nous occupent.

le testa lui-même replié à l'extérieur. Ces ailes ont ainsi une double paroi identique, pour sa structure et son épaisseur, au testa qui entoure le corps de la graine, et sont même élargies à leur extrémité libre par l'écartement de ce repli du testa.

Cette enveloppe de la graine, très-mince, est homogène, mais composée de lames parallèles à la surface du testa, formées de fibres cylindriques parallèles les unes aux autres dans une même lame, mais se croisant dans diverses directions dans les lames superposées.

Les premiers échantillons ne nous avaient montré que des sections transversales de peu d'étendue en longueur ; un nouvel exemple vient de nous présenter toute la longueur de la graine fendue par son milieu, mais ne renfermant pas ses parties intérieures : on voit que c'est une graine allongée fusiforme, dont la cavité a environ 18 millimètres de long sur 4 à 5 millimètres de large, mais qui, avec les ailes, se prolongeant au-dessus et au-dessous, atteint environ 30 millimètres en longueur et 10 à 12 en largeur. La graine est en outre sensiblement arquée.

La disposition de ces prolongements et la structure de la chalaze et du micropyle nous sont encore inconnues, ainsi que tout ce qui concerne le nucelle.

11. *Hexapterospermum*. — On n'a trouvé jusqu'à présent que des échantillons assez incomplets de ces graines, qui cependant constituent deux espèces bien distinctes par la structure de leur testa.

Leur coupe transversale nous montre un testa hexagone se prolongeant aux angles en six ailes très-saillantes.

Dans l'une de ces espèces (*H. stenopterum*), le testa, quoique très-mince, est formé de deux couches très-différentes : l'une interne, plus dense, formée de cellules allongées, disposées en bandes longitudinales et transversales; l'autre externe, composée d'un parenchyme cellulaire régulier plus transparent. Ces tissus se continuent dans les ailes, qui sont minces et aiguës, et autour du micropyle, qui forme un tube très-saillant, dont nous n'avons pas pu voir l'extrémité.

Dans l'autre espèce (*H. pachypterum*), le testa, très-nettement limité, est composé d'un tissu semblable dans toute son épaisseur, formé de cellules allongées ou oblongues, droites ou courbées, diversement dirigées. Les six ailes correspondant aux angles sont larges à leur base, offrent une section transversale triangulaire, et sont constituées entièrement par un tissu compacte semblable à celui du testa. Dans cette espèce, nous n'avons vu que l'extrémité chalazienne qui paraît offrir un prolongement des ailes au-dessous de la base de la graine.

Par ce caractère, aussi bien que par la structure des ailes ou plutôt des crêtes épaisses du testa, cette seconde espèce semble avoir quelque analogie avec le genre *Polylophospermum*, et, plus complétement connue, elle devra peut-être lui être attribuée.

12. *Polypterospermum*. — Cette graine, dont je n'ai pu étudier qu'un seul échantillon, mais très-complet, est remarquable par le nombre et l'étendue des ailes qui naissent de sa surface.

Elle devait être ovoïde, obtuse vers sa base, aiguë à son sommet; sa section transversale était hexagone avec six ailes étroites et aiguës aux angles du testa, et six autres ailes plus courtes et tronquées naissant du milieu de chacun des côtés de l'hexagone; le testa, très-mince, est dense et opaque vers l'intérieur où sa structure est difficile à reconnaître; plus à l'extérieur, il est formé de fibrilles grêles, sinueuses, diversement repliées, déterminant des saillies à l'extérieur.

Les ailes paraissent formées par une expansion de ce tissu : elles sont, en effet, composées de filaments ou cellules filiformes flexueuses, dirigées perpendiculairement à la surface du testa, unies entre elles par leur juxtaposition ou par un tissu délicat et souvent détruit ; les ailes intermédiaires à celles des angles sont plus courtes, plus larges, tronquées, et semblent terminées par de petites cellules ; la chalaze, peu étendue, surmonte un reste de funicule et ne présente rien de particulier. Le micropyle se prolonge en un tube court formé par des cellules allongées.

Le sommet du nucelle paraît terminé par un petit canal cylindrique surmontant un espace creux spécial, comprenant dans cet échantillon une petite masse coagulée, qui semble formée de granules polliniques agglomérés; la disposition des membranes qui constituent le sommet micropylaire du nucelle est assez remarquable, mais exigerait des figures pour être comprise.

Tous ces détails obtenus par des sections parfaitement dirigées dans un seul échantillon sont une preuve du talent de M. B. Renault, auquel je suis heureux de dédier cette espèce (*Polypterospermum Renaultii*).

13. *Eriotesta*. — Je n'ai vu qu'un fragment peu étendu de cette graine, mais il offre des caractères qui la distinguent facilement.

La section transversale, quoique incomplète, indique une graine octogone, dont le testa mince et compacte, formé de cellules oblongues, dirigées parallèlement à la surface interne et transversalement relativement à l'axe, se développe extérieurement en cellules allongées perpendiculaires à la surface, formant des poils qui couvrent toute la surface externe du testa, et sont plus allongés vers les angles. qu'ils rendent plus apparents.

Cette graine (*Er. velutina*) a environ 8 millimètres de diamètre. On ignore son étendue en longueur et la structure de ses autres parties.

14. *Polyplophospermum*. — La forme remarquable de cette graine aurait dû la signaler aux auteurs des flores du terrain houiller ; cependant je n'en trouve aucun indice dans les publications sur les fruits fossiles. Est-elle propre au bassin de Saint-Étienne ?

C'est une graine allongée, prismatique, longue de 15 millimètres, sans compter ses prolongements inférieurs et supérieurs. La section de son testa est hexagonale, et chaque angle se prolonge en une crête large à sa base ; d'autres crêtes plus courtes s'élèvent dans l'intervalle du milieu des faces du prisme hexagonal. Ces crêtes, qui sont le prolongement du testa, sont formées d'un tissu dense et opaque ; mais au dehors on voit un tissu cellulaire plus lâche et transparent. souvent détruit, qui occupe les côtés des grandes crêtes et l'intervalle entre celles-ci et les plus petites.

C'est sur ces graines que j'ai observé pour la première fois ces radicelles qui, en rampant à leur surface, pénétrent et détruisent ce tissu et en rendent l'observation très-difficile ; elles s'introduisent en outre à travers ce tissu lâche dans les parties extérieures de ces graines.

En effet, le tissu du testa se prolonge au-dessus et au-dessous de la graine, de manière à former supérieurement une sorte de cupule en forme de grelot, ouvert vers le haut, et formé alternativement de bandes solides faisant suite aux crêtes du testa, et d'espaces occupés par le tissu cellulaire parenchymateux que ces radicelles traversent souvent. A l'extrémité inférieure l'organisation est très-analogue, si ce n'est que le centre de ce prolongement est occupé par le funicule ou le faisceau chalazien, et que l'espace compris entre ce faisceau vasculaire et l'enveloppe externe est occupé par un parenchyme souvent détruit ; la graine proprement dite se prolonge supérieurement en un micropyle tubuleux formant une sorte de colonne qui occupe le centre du prolongement supérieur du testa et atteint son orifice.

Dans l'intérieur de la graine on voit un nucelle cylindrique naissant du pourtour du disque peu saillant de la chalaze. Supérieurement, la membrane du nucelle paraît se dédoubler pour former une chambre pollinique complétement vide, mais qui paraît fermée supérieurement par un mamelon cylindrique un peu saillant, et formé de cellules allongées parallèles. Le sac périspermique est bien distinct et ouvert supérieurement.

15. *Codonospermum.* — Ce genre est certainement le plus singulier par son organisation de ceux que nous a fournis ce gisement de Saint-Étienne ; il paraît y être fréquent à l'état d'empreinte, quoique je ne trouve rien qui s'y rapporte dans les publications sur les graines du terrain houiller. A l'état silicifié, nous en avons eu plusieurs échantillons, qui cependant laissent à désirer dans quelques-unes de leurs parties. A l'extérieur, cette graine se présente sous la forme d'une sorte de cloche cylin-

drique dans le bas, et terminé supérieurement par une pyramide très-surbaissée à huit angles. La partie cylindrique, qui est un peu plus étendue que le sommet pyramidal, se prolonge en huit lobes ou dents qui se recourbent en dessous, et vont probablement se réunir au centre : c'est cette partie qui présente encore des doutes sur son organisation; mais elle n'est qu'accessoire, car la graine proprement dite occupe le sommet pyramidal. Une coupe longitudinale montre en effet que la graine, très-déprimée dans le sens de l'axe, a la forme d'une tête de clou épaisse, convexe en dessus, plane ou plus souvent concave en dessous, entourée dans toute sa périphérie par un testa compacte, opaque, formé entièrement de cellules grêles, longues, parallèles à sa surface, testa qui se continue au-dessous de la graine pour constituer un prolongement inférieur analogue, à quelques égards, à celui qui est à la base du *Polylophospermum* ; mais il paraît fermé en dessous, et n'offrir que des ouvertures latérales entre les dents ou lobes signalés plus haut. Quant à la graine elle-même, on y retrouve les mêmes parties que dans les précédentes, mais sous une forme très-différente ; il y a une chalaze vasculaire, dont les vaisseaux doivent avoir été contenus dans un tube solide prolongeant le testa inférieurement. Les membranes du nucelle paraissent au nombre de trois, dont les deux externes, unies dans une assez grande étendue, correspondent probablement à la surface du nucelle ; l'interne à l'enveloppe périspermique.

Le sommet du nucelle présente de la manière la plus distincte la chambre pollinique circonscrite par un tissu cellulaire spécial, qui semble naître du sommet du nucelle, et qui présente supérieurement un canal très-marqué. Des granules polliniques existent dans cet espace vide.

Une graine beaucoup plus petite du même genre semblerait indiquer une seconde espèce. L'espèce type portera le nom de *C. anomalum* (1).

---

(1) Plusieurs nouveaux échantillons n'ajoutent que peu de chose à ce qui concerne la graine proprement dite ; ils indiquent cependant d'une manière plus nette que les premiers l'existence d'une couche mince de tissu cellulaire sur la surface externe du

16. *Stephanospermum.* — Les graines que nous désignons sous ce nom avaient déjà été remarquées par M. Grand'Eury, qui nous les avait envoyées sous le nom de *graines couronnées*. Ce sont les plus petites que nous connaissions dans ce terrain, et elles sont en effet remarquables par l'espèce de couronne qui surmonte leur testa et entoure le micropyle. Elles ont une forme cylindrique ou celle d'un ellipsoïde allongé. Leur longueur totale est d'environ 1 centimètre et leur largeur de 4 millimètres. Le testa mince forme un cercle continu, d'un tissu opaque très-dense, composé de petites cellules sphériques et d'une rangée de cellules plus transparentes à l'intérieur. A la partie supérieure, ce testa se prolonge en une sorte de cupule ou couronne continue, du même tissu que dans le reste de son étendue, amincie sur son bord, mais sans divisions. Au milieu de cette cupule s'élève le tube micropylaire, élargi à sa base et d'environ 2 millimètres de longueur.

Le testa est un peu renflé à la base, et traversé par le faisceau vasculaire qui s'épanouit pour former le disque un peu saillant de la chalaze ; la paroi du nucelle fait suite au pourtour de ce disque chalazien ; elle suit à peu de distance la surface interne du testa, et le nucelle se termine supérieurement par un sommet conique qui correspond, d'une manière plus ou moins immédiate, à l'ouverture du micropyle. Cette partie supérieure du nucelle a la forme d'un dôme, et présente souvent d'une manière très-nette cette cavité entourée d'un tissu cellulaire spécial, contenant très-souvent des grains de pollen bien caractérisés.

Ces graines entières varient un peu de forme, et pourraient

testa, mais ils nous fournissent quelques données plus précises sur la structure du prolongement intérieur de ces graines. On voit que ce prolongement du testa, se repliant en dessous, vient se réunir à l'axe qui s'étend vers la chalaze et présente à l'intérieur des crêtes saillantes au nombre de huit qui paraissent circonscrire autour de cet axe un espace vide ou occupé par un tissu lâche et détruit, formant au-dessous de la graine une sorte de ballon déprimé. Cette organisation singulière, quoique mieux indiquée sur ces échantillons, est souvent difficile à bien reconstituer par suite des déformations que cette partie a éprouvées par la compression et qui semblent en rapport avec la vacuité de cette partie de la graine.

peut-être constituer plusieurs espèces. Je désigne l'espèce type par le nom de *St. achenioides*.

17. *Etheotesta*. — Graine ellipsoïde ou presque sphérique de 12 à 15 millimètres de diamètre, à testa épais homogène, formé de fibres ou cellules allongées, dirigées perpendiculairement à la surface; ces fibres paraissent, sur un échantillon. entremêlées à de petites cellules globuleuses (peut-être par suite d'une altération du tissu). Ce testa, vers sa base, est recouvert, dans une certaine étendue, par une couche d'un tissu lâche, formé de cellules allongées ou fibrilles molles, diversement repliées et sinueuses, qui semble constituer une sorte d'arille. A l'extrémité opposée (sur un autre échantillon), le testa, aminci dans la partie qui correspond au micropyle, est surmonté d'une épaisse caroncule formée de cellules fibrilleuses très-transparentes, parallèles entre elles, laissant quelquefois des lacunes étendues par leurs disjonctions; ces cellules, qui paraissent rayonner autour du micropyle, sont presque dans la direction de celles du testa qu'elles recouvrent. La surface de cette caroncule charnue est très-nettement limitée à l'extérieur par une zone de petites cellules polyédriques. A l'intérieur de la graine on trouve le nucelle très-rétracté et déplacé dans un des échantillons, dans sa position naturelle s'étendant jusqu'au-dessous du micropyle dans l'autre; il présente toujours un sommet tubuleux surmontant une cavité dans laquelle on observe quelques grains de pollen.

Les graines de ce genre se reconnaissent facilement, même sur la cassure, à la texture fibreuse rayonnante de leur testa et à son épaisseur, ainsi qu'à leur forme presque globuleuse, qui m'a fait nommer cette espèce *E. subglobosa* (1).

(1) Il faut bien remarquer que dans cette graine le tissu cellulaire lâche de l'extrémité micropylaire du testa est continu avec le tissu même de ce testa, et fait ainsi partie de cette enveloppe. Au contraire, le tissu qui l'entoure à sa base est étranger au testa, ne lui adhère que vers son milieu, et l'accompagne comme un arille qui rappelle la sorte de cupule des *Taxus* et surtout des *Dacrydium*.

A. BRONGNIART.

EXPLICATION DES PLANCHES.

PLANCHE 21.

Fig. 1-6. — CARDIOCARPUS.

Fig. 1. *Cardiocarpus drupaceus.* Coupe par le plan de la carène. — *a,* testa épais, charnu à l'extérieur ; *b,* chalaze ; *c,* nucelle et périsperme ; *d,* extrémité micropylaire du nucelle (grand. nat.).

Fig. 2. Coupe de la même espèce, perpendiculaire au plan de la carène.

Fig. 3. *Cardiocarpus expansus* dont la zone interne du testa est mise à découvert par la cassure de l'échantillon, et la zone externe charnue *a* est indiquée dans son pourtour.

Fig. 4. Coupe longitudinale du *Cardiocarpus drupaceus* var., montrant l'épaisseur de la zone cellulaire charnue et les lacunes qu'elle présente vers l'extérieur.

Fig. 5. *Cardiocarpus sclerotesta.* Portion de la base avec la chalaze, coupée dans le plan de la carène.

Fig. 6. *Cardiocarpus sclerotesta minor.* Coupe dans le plan de la carène.

Fig. 7-11. — RHABDOCARPUS.

Fig. 7. *Rhabdocarpus conicus* Grand'Eury. Forme générale d'après un échantillon cassé avant la préparation (grand. nat.).

Fig. 8. Coupe longitudinale de la région micropylaire du même. — *a,* testa avec faisceaux fibreux ; *b,* nucelle avec sommet micropylaire.

Fig. 9. Coupe longitudinale perpendiculaire à la carène de la même espèce.

Fig. 10. *Rhabdocarpus subtunicatus* Grand'Eury. Coupe longitudinale comprenant la chalaze, parallèle à la carène. — *a,* endotesta ; *b,* chalaze avec l'origine des faisceaux vasculaires latéraux de la carène se continuant en *e* ; *c,* sarcotesta avec ses faisceaux fibreux ; *d,* nucelle avec son sommet micropylaire.

Fig. 11. Coupe transversale de la même espèce. (Mêmes lettres.)

Fig. 12-14. — DIPLOTESTA.

Fig. 12. *Diplotesta Grand'Euryana.* Coupe longitudinale perpendiculaire au plan de la carène. — *a,* endotesta ; *b,* sarcotesta ; *c,* cavités glanduleuses de la base de l'endotesta ; *d,* nucelle avec son extrémité micropylaire.

Fig. 13. Coupe transversale de la même espèce, dans la partie moyenne de la graine. (Mêmes lettres.)

Fig. 14. Coupe transversale près de la base de la graine passant par la chalaze et les cavités glanduleuses.

Fig. 15-16. — SARCOTAXUS.

Fig. 15. *Sarcotaxus oliviformis.* Coupe longitudinale grossie 2 fois. — *a,* endotesta ; *b,* épiderme du sarcotesta ; *c,* chalaze ; *d,* nucelle terminé par un sommet conique.

Fig. 16. *Sarcotaxus angulosus*. Coupe transversale grossie 4 fois.— *a*, endotesta avec deux carènes; *b*, épiderme du sarcotesta formant une enveloppe quadrangulaire; *d*, coupe du nucelle.

Fig. 17. — LEPTOCARYON.

Fig. 17. *Leptocaryon Avellana*. Coupe longitudinale, grossie 2 fois, d'une graine complète. — *a*, testa; *b*, chalaze; *c*, micropyle; *d*, nucelle montrant sa base fixée à la chalaze et son sommet correspondant au micropyle.

Fig. 18-20. — TAXOSPERMUM.

Fig. 18. Graine du *Taxospermum Grüneri*, de grandeur naturelle, vue par la surface aplatie.

Fig. 19. La même, vue du côté d'une des carènes.

Fig. 20. Coupe longitudinale dans le plan des carènes, grossie 2 fois.—*a*, testa; *b*, micropyle: *c*, nucelle, *c'*, son sommet micropylaire; *d*, reste du sac périspermique.

PLANCHE 22.

Fig. 1-3. — TRIGONOCARPUS.

Fig. 1. *Trigonocarpus pusillus*, grandeur naturelle.

Fig. 2. Coupe longitudinale passant par la chalaze et le micropyle, grossie 5 fois. — *a*, testa; *b*, chalaze; *c*, micropyle; *d*, nucelle; *e*, cavité du sommet du nucelle avec grains de pollen.

Fig. 3. Coupe transversale de la même graine (même grossissement). — *a*, testa; *b*, sutures du testa; *c*. membrane du nucelle.

Fig. 4-5. — PACHYTESTA.

Fig. 4. Coupe longitudinale de grandeur naturelle, dont les dimensions résultent d'un échantillon complet, mais dont la partie supérieure ne passait pas par le micropyle, représenté d'après un autre échantillon.

Partie inférieure, *Pachytesta incrassata*. — *a*, testa très-épaissi vers la base; *b*, faisceau vasculaire de la chalaze; *c*, vaisseaux extérieurs du testa: *d*, vaisseaux intérieurs du testa; *e*, chalaze en forme de disque saillant; *f*, membrane naissant du col de la chalaze et limitant le tissu interne du testa; *g*. membrane du nucelle.

Partie supérieure de la même espèce? ou du *Pachytesta gigantea*. — *h*, testa épaissi autour du micropyle *i*: *k*, tube micropylaire *f* renfermant des granules polliniques et dépassant le sommet du nucelle.

Fig. 5. Coupe transversale du *Pachytesta incrassata*? *a*, testa; *c*, vaisseaux extérieurs du testa; *d*, vaisseaux intérieurs du testa; *f*, membranes externes et internes du nucelle.

Fig. 6-8. — TRIPTEROSPERMUM.

Fig. 6. *Tripterospermum rostratum*. Coupe longitudinale de la partie supérieure passant par le micropyle, grossie 2 fois. — *a*, endotesta se prolongeant en un tube

grêle autour du micropyle; *b*, couche externe celluleuse, spongieuse ou charnue, du
testa, se prolongeant aussi autour du micropyle, plus épaisse à droite, correspondant
à l'une des ailes; *c*, micropyle; *d*, sommet du nucelle.

Fig. 7. Coupe longitudinale de la base de la même graine (même grossissement.
— *a*, endotesta; *b*, sarcotesta; *d*, chalaze avec son faisceau vasculaire; *e*, membrane
externe du nucelle; *f*, membrane interne ou périspermique ?.

Fig. 8. Coupe transversale de la moitié de la même graine détachée entre les deux
coupes longitudinales précédentes (même grossissement,.— *a*, endotesta; *b*, couche
externe du testa se détachant de l'interne; *c*, une des trois ailes; *e*, membranes du
nucelle.

Fig. 9-11. — PTYCHOTESTA.

Fig. 9. *Ptychotesta tenuis*. Cassure longitudinale de cette graine, grossie 2 fois, dans
laquelle deux des ailes *a a* sont divisées par le milieu, et une troisième *a'* montre
son origine interne. L'intérieur de la graine manque, on n'en voit que quelques
restes en *b*; une fracture transversale a permis de reconnaître sa nature.

Fig. 10. Coupe transversale d'un autre échantillon grossi 2 fois. — *a*, testa formant
par ses replis six ailes obtuses à l'extrémité; *b*, nucelle.

Fig. 11. Une des ailes coupée transversalement, grossie 6 fois.

Fig. 12-14. — HEXAPTEROSPERMUM.

Fig. 12. *Hexapterospermum stenopterum*. Coupe transversale grossie 3 fois —*a*, endotesta se prolongeant en six ailes *a'*; *b*, exotesta ne se prolongeant pas dans les ailes;
c, membrane du nucelle; *d*, membrane du périsperme.

Fig. 13. Coupe longitudinale de la région micropylaire (même grossissement). —
a, endotesta; *b*, exotesta; *c*, canal micropylaire prolongé et entouré par le tissu de
l'exotesta.

Fig. 14. *Hexapterospermum pachypterum*. Coupe transversale grossie 3 fois. — *a*, testa
homogène offrant six crêtes longitudinales épaisses, dont trois paraissent se diviser
par le milieu.

PLANCHE 23.

Fig. 1-3. — POLYPTEROSPERMUM.

Fig. 1. *Polypterospermum Renaultii*. Coupe transversale de grandeur naturelle.

Fig. 2. Portion de la coupe transversale du testa et des ailes grossie 6 fois. — *a*, endotesta; *b*, exotesta se prolongeant dans les ailes longues et aiguës correspondant aux
angles de l'hexagone et dans les ailes plus courtes et tronquées occupant le milieu
des faces de l'hexagone.

Fig. 3. Coupe longitudinale de la moitié supérieure de cette graine, grossie 4 fois. —
a, endotesta se prolongeant supérieurement dans le tube micropylaire *c*; *b*, exotesta
et portion d'une des ailes principales divisée en bandes de cellules allongées, libres
ou réunies; *d*, nucelle et membrane extérieure *d'*, se terminant supérieurement en
une sorte de cloche ouverte du côté du micropyle et contenant une masse granu-
leuse (pollinique?); *f*, sac périspermique.

Fig. 4-5. — Eriotesta.

Fig. 4. *Eriotesta octogona.* Coupe transversale d'une portion de la graine présentant trois côtes de l'octogone, grossie 4 fois. — *a*, testa recouvert dans toute son étendue de poils plus longs aux angles de l'octogone; *c*, reste de la membrane du nucelle.

Fig. 5. Portion du testa et des poils qui le recouvrent, grossis 30 fois. — *a*, endotesta; *b*, zone extérieure moins dense du testa; *c*, poils serrés simples qui font suite aux cellules de l'exotesta.

Fig. 6-8. — Polylophospermum.

Fig. 6. *Polylophospermum stephanense.* Coupe longitudinale passant par l'axe de la graine, grossie 2 fois. — *a*, testa de la graine montrant l'endotesta et l'exotesta souvent en partie détruit et restitué; *b*, membrane du nucelle naissant du pourtour de la chalaze *c* et se terminant par le sommet micropylaire *d*; *e*, membrane du sac périspermique; *f*, axe vasculaire prolongeant la chalaze; *g*, prolongements inférieurs des crêtes principales du testa; *h*, tube micropylaire continuant l'endotesta; *i*, prolongement supérieur du testa formant une sorte de cupule au-dessus de la graine.

Fig. 7. Coupe transversale de cette graine, grossie 4 fois. — *a*, testa avec ses six crêtes principales *a'* correspondant aux angles de l'hexagone et ses six crêtes secondaires *a''* occupant le milieu des faces; *b*, exotesta souvent en partie détruit par des radicelles étrangères *c*; *d*, membranes du nucelle et du sac périspermique.

Fig. 8. Coupe longitudinale de la région micropylaire, grossie 4 fois. — *a*, testa et origine de son micropyle; *b*, sommet du nucelle avec son mamelon terminal.

Fig. 9-12. — Codonospermum.

Fig. 9. *Codonospermum anomalum* vu par sa surface externe, tel qu'il se présente dans la roche brisée, montrant les huit angles qui naissent du sommet conique du micropyle et une partie du prolongement inférieur qui s'étend au-dessous de la graine.

Fig. 10. Coupe longitudinale, grossie 2 fois, de la graine sans son prolongement inférieur. — *a*, testa entourant complétement la graine et présentant en *a'* le commencement de ce prolongement; *b*, micropyle; *c*, chalaze se continuant en un faisceau vasculaire entouré par un tube faisant suite au testa et s'épanouissant en un disque vasculaire au-dessous du nucelle; *d*, membrane du nucelle donnant naissance supérieurement à une zone cellulaire qui entoure une cavité s'ouvrant supérieurement sous le micropyle et renfermant des grains de pollen; *e*, membrane circonscrivant le périsperme altéré et un espace vide peut-être occupé par l'embryon.

Fig. 11. Prolongement inférieur de la graine, le plus souvent déformé et brisé par la compression, restitué d'après diverses préparations, présentant en *a a* deux des huit crêtes internes qui paraissent s'étendre à l'intérieur de cette cavité, en *b* l'origine de l'axe occupé par le faisceau vasculaire chalazien, et en *c* la chalaze elle-même.

Fig. 12. Coupe transversale de cette région très-près de sa base, montrant les huit faisceaux fibreux, prolongements du testa, qui l'entourent, et qui, d'après l'examen de l'extérieur de la graine, devaient être unis par un tissu cellulaire détruit ainsi que les parties intérieures.

Fig. 13-15. — STEPHANOSPERMUM.

Fig. 13. *Stephanospermum akenioides* coupé longitudinalement, de grandeur naturelle.

Fig. 14. Le même, grossi 4 fois. — *a*, testa avec la coupe de son prolongement supérieur en forme de couronne *a′*; *b*, chalaze et son faisceau vasculaire; *c*, micropyle tubuleux en forme de bec; *e*, membrane du nucelle naissant de la chalaze et se terminant supérieurement par une zone celluleuse entourant un espace vide renfermant souvent des granules polliniques; *f*, membrane du sac périspermique avec traces de périsperme altéré.

Fig. 15. Coupe transversale de ces graines. — *a*, testa uniforme sans trace de carènes ni de sutures; *b*, membrane du nucelle.

Fig. 16-18. — ÆTHEOTESTA.

Fig. 16. *Ætheotesta subglobosa*. Coupe longitudinale de la région micropylaire, grossie 2 fois. — *a*, testa; *b*, partie supérieure du testa développé en une caroncule cellulaire lâche entourant le micropyle; *c*, membrane du nucelle terminé par son mamelon micropylaire; *d*, reste du sac périspermique.

Fig. 17. Coupe longitudinale de la partie inférieure d'une autre graine, grossie 2 fois. — *a*, testa; *b*, excroissance arilliforme formée d'un tissu cellulaire lâche et lacuneux; *c*, nucelle rétracté complet avec son sommet micropylaire et la cavité sous-micropylaire contenant quelques grains de pollen; un de ces grains à surface aréolée, grossi 2 fois.

Fig. 18. Coupe transversale d'une de ces graines, grossie 2 fois. — *a*, testa; *b*, membrane du nucelle contractée et déplacée.

PARIS. — IMPRIMERIE DE E. MARTINET, RUE MIGNON, 2.

Graines Silicifiées du terrain houiller de St Etienne

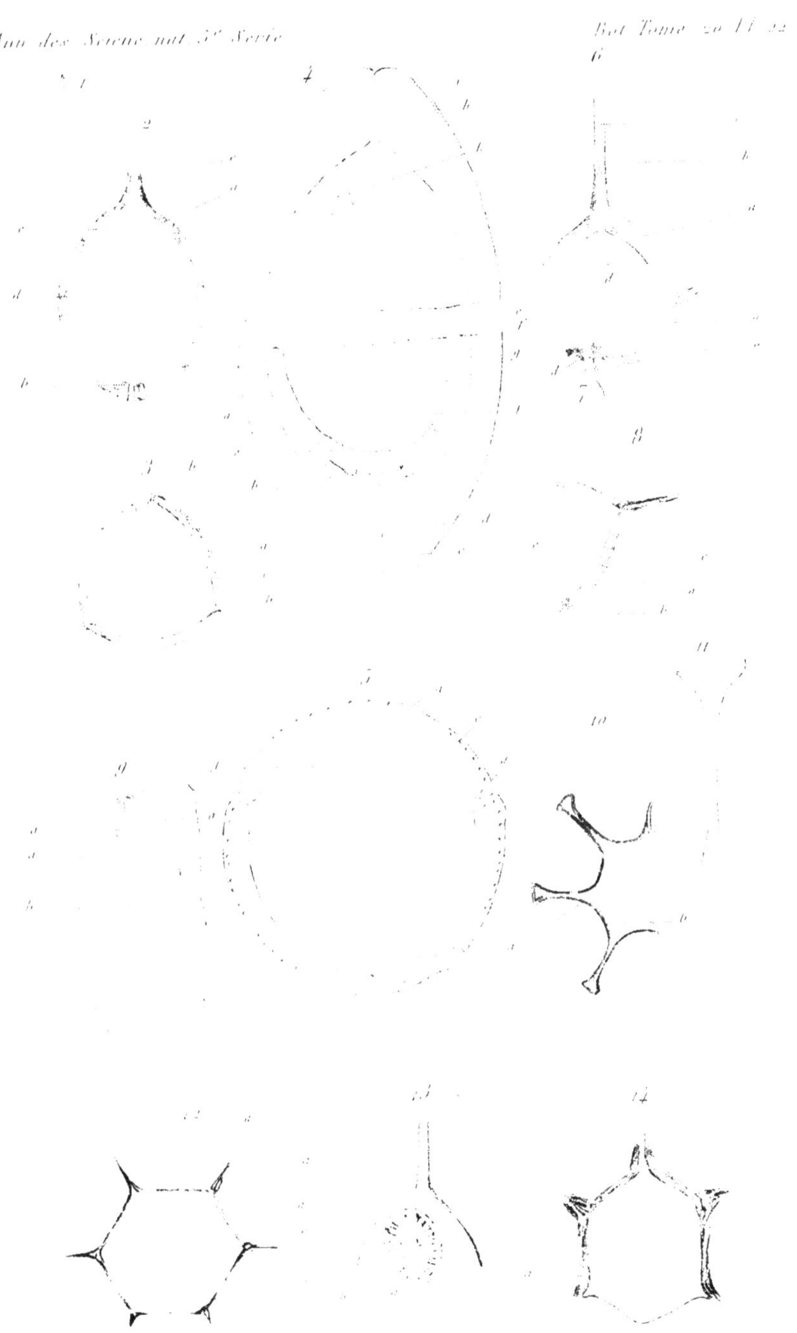

Graines Silicifiées du terrain houiller de St. Etienne.

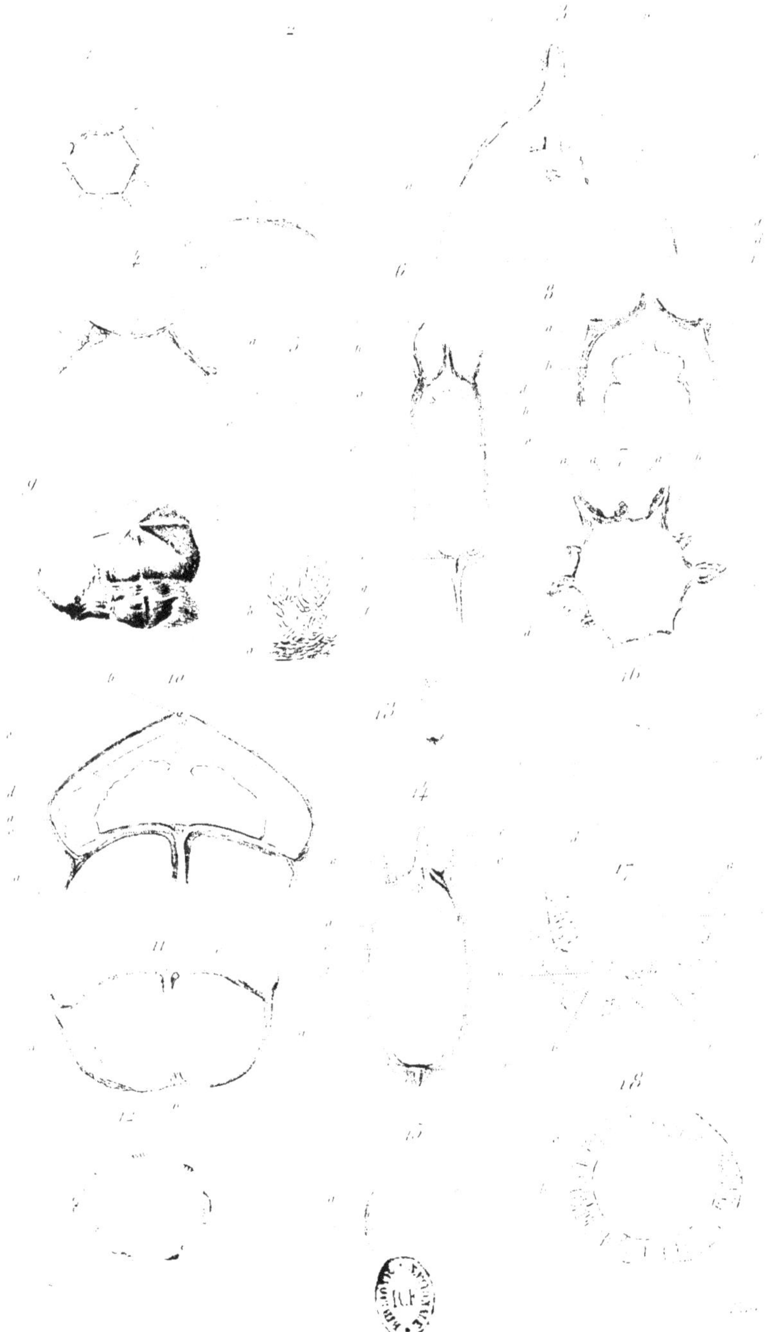

Graines Silicifiées du terrain houiller de St. Etienne.

www.ingramcontent.com/pod-product-compliance
Ingram Content Group UK Ltd.
Pitfield, Milton Keynes, MK11 3LW, UK
UKHW031735170726
13836UKWH00002B/672